美人悦读绘·服色系

XIEWU

# 鞋舞

向日葵　主编

农村读物出版社

# 图书在版编目（CIP）数据

鞋舞／向日葵主编. —北京：农村读物出版社，2013.6

（美人悦读绘. 服色系）

ISBN 978-7-5048-5693-7

Ⅰ. ①鞋… Ⅱ. ①向… Ⅲ. ①女鞋－服饰美学－通俗读物 Ⅳ.①TS943.722-49

中国版本图书馆CIP数据核字(2013)第106077号

| | | |
|---|---|---|
| 策划编辑 | 黄　曦 | |
| 责任编辑 | 黄　曦 | |
| 出　　版 | 农村读物出版社 | （北京市朝阳区麦子店街18号　100125） |
| 发　　行 | 新华书店北京发行所 | |
| 印　　刷 | 北京三益印刷有限公司 | |
| 开　　本 | 880mm×1230mm　1/32 | |
| 印　　张 | 3 | |
| 字　　数 | 100千 | |
| 版　　次 | 2013年6月第1版　2013年6月北京第1次印刷 | |
| 定　　价 | 20.00元 | |

目录  

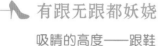

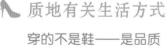

# Contents

鞋
舞

女人与鞋的关系很密切。女人选择一双鞋子，除了考虑鞋子本身的功能，功能之外，还会寄托一些个人的情结。

女人是用鞋子在诉说着自己的情怀。鞋子，是女人"行走"的梦和理想。穿上那双鞋，就能变成自己想要的那种人，这种实现感，让女人很痴迷。

Foreword

都说爱买鞋的女人很自恋。对于鞋子的喜爱程度，可以用来衡量一个女人的自恋程度。可是，爱自己有什么错呢？

爱自己的女人，自恋的同时也很自爱，尊重自己，尊重他人，这无论如何都是一种正面的能量。

爱鞋的女人不会心如止水，她们有欲望。这种欲望，是一种力量。让人有动力，去憧憬，去实现更加美好的生活。

悦己无罪，爱鞋有理，爱鞋的女人们，一起来参与一场关于鞋子的盛会吧！

# 有跟无跟
# 都妖娆

高 低 错 落 之 间 ，

女 性 的 妩 媚 悄 悄 蔓 延 ……

## 吸睛的高度——跟鞋

跟鞋，让女人更像女人。

据说，女人一穿上跟鞋，就会马上变成淑女。因为鞋子的关系，步子不能大步迈，走路不能敞开走，无论多粗犷的女子，跟鞋套上脚，马上收敛起张扬的性格，柔媚起来，风情起来。

## ✦ 包头跟鞋

　　说起包头鞋，总会让人想起中国的一句古训：笑不露齿。包头鞋，就如一个掩口而笑的古代仕女，美好而内敛。

　　古代的绣花鞋，也属于包头鞋。古代女性的脚，是非常隐秘的部位，带有很强的"性"的意味，是不能轻易被人看见的。所以，这类包头鞋，包的部分，很严实。

　　随着时代的变迁，女性地位的改变，女性不再身居高宅，不再大门不出，二门不迈。女性的脚，也不再不可示人，包头鞋，包的部分，也打破拘谨，灵活起来。

高跟的包头鞋，最能体现女性的端庄和优雅。高跟抬高了脚踝，使身姿显得挺拔，小腿的曲线也紧致了许多。脚面露出，在视觉上延伸了小腿的曲线，修正了一些女性身材上的不足之处。鞋子的头部是闭合的，这个设计是高跟包头鞋的重点，这样的设计，收拢脚趾，使整个脚部如同纤纤莲瓣，具有很强的美感。另外，有些女性的脚趾不够美观，这样的设计扬长避短，藏拙于包头之中。

如果你是一个性格内秀的女孩，如果你是一位优雅地旋转在职场中的白领丽人，你一定需要这么一款高跟包头鞋。

万千风情，无需言说，一切尽在神秘主义的包头中。

有跟无跟都妖娆

鞋舞

014

## ✦ 鱼嘴跟鞋

　　鱼嘴鞋是包头鞋的变种。原本全部包住的头部，悄悄地张开了小嘴，这小小的开口，是功能的需要，也是性情的需要。

　　这个细微的变化，带给女人全新的感受。被束缚的脚趾，不再沉默于黑暗中，虽然没有大张旗鼓地暴露出来，但这含蓄的若隐若现，已经是一种解放。这种改变，能让女性更加舒适而从容地行走于职场之中。舒适度的强调，体现了对女性社会角色的认可。

　　鱼嘴鞋的开口，大开和小开都各有道理。大开，适合夏季的鞋类。小开，更多是造型上的需要，更适合正式的场合。

　　鱼嘴鞋的出现，是女性意识的一种觉醒。谁说鱼和熊掌不可兼得，鱼嘴鞋让美和舒适两全其美，快哉！快哉！

## ✦ 楔形鞋

　　楔形，是妖娆向舒适做的一种妥协。在不牺牲高度的情况下，不放弃行走的稳定性和舒适度，非楔形跟莫属。

楔形跟，如果中庸一点，那就老老实实做成舒适的坡度，配合前防水台，整体提升穿着者的水平面，让穿着者真的感觉如履平地。

如果还是希望纤细一点，秀美一点，其实也可在楔形上加入设计感，让楔形变成中空，坡度依旧，但抛弃了实心的厚重感，轻盈起来。

楔形鞋的穿着有一个要求：小腿要纤细，小腿的曲线连接楔形的曲线，相得益彰。如果小腿线条不够完美，建议穿着飘逸长裤来搭配楔形鞋。长裤掩盖了小腿线条，也遮挡了楔形鞋与小腿的连接处，把不够完美的遮蔽起来，增添了一丝神秘感。

爱穿楔形鞋的女子内心一般都很强大，她们稳稳地驾驭着自己的生活，充满自信，处事不惊。

## ✦ 异型鞋

总有一些女子是古灵精怪的，她们天马行空，不受约束。对于常规，往往不屑一顾，总想打破后再重建自己的王国。

这样的女子，穿鞋怎能甘心流于平常！

于是，异形鞋就应运而生了。

### 鞋跟异形

鞋子最能做文章的地方就是鞋跟了。只要照顾了行走功能，其余的，可自由发挥。做成天底下最有想象力的造型。

鞋

舞

## 鞋面异形

　　鞋面的设计同样也是可以别出心裁的。可繁复到奢华，也可简洁到清新。立意于异形，天马行空，任你驰骋。

　　但无论多么推陈出新，千万不能忘记这条原则：那就是实用性。再"奇怪"的鞋子，如果不能穿着，那鞋子的价值还是大打折扣的，能行走的艺术品，这是对异形鞋最高的褒奖。

## ✦ 通勤鞋

　　说完最富有想象力的异形鞋，再回头说说最规矩的通勤鞋。

　　通勤鞋，就是职场中穿着最普遍最不容易出错的鞋子。这类鞋子有一个共同之处：端庄不出格，兼容大众审美观。

首先是鞋跟。通勤鞋的鞋跟不能太纤细，要有稳定性。否则，穿着者正在职场中风风火火地安排工作，鞋跟"啪"一声，折了，这不仅煞风景，还很伤面子，如果是有客户或重要上司在，那伤的面就更大了。通勤鞋一般会选择中跟而不是高跟，这也是照顾到了行走的舒适度。

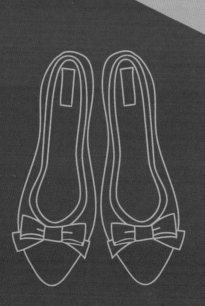

除了鞋跟之外，还要考虑鞋面的合脚度。既然是通勤的穿着，就以合脚为主要考量目标，之后兼顾美观性。鞋面不应太繁复或太简洁，鞋头不能过尖，要给脚趾充分"摆放"的空间。

通勤鞋在色彩上不会太过艳丽，大多以"百搭"的姿态出现。这样才能做到一鞋通行天下。

# 轻盈的态度 —— 平跟鞋

喜爱平跟鞋的女子，有一颗文艺的心。

她们迷恋儿时的单纯和率真。即使长成
亭亭少女，也不愿意过于张扬性感。只希望
在自己安静的世界里继续编织甜蜜的梦想。

## ✦ 蓓蕾鞋

　　很多女孩在小时会做芭蕾梦。这个梦，与向往优雅派的生活有关。试想一下这样的场景：明亮的芭蕾教室，四面都是镜子，亭亭玉立的少女，高高束起的发髻，柔美的脖颈，纤细的四肢，优雅地伸展着，那是一幅多么美丽的画面。

　　而这画面的重点，一定是那神奇的双脚，以及脚上雅致到动人心魄的芭蕾鞋。

芭蕾鞋的美，有一种近在咫尺但又心生距离的美感。狭长的鞋型，薄薄的鞋底，优质的材质，紧紧包裹着秀气的双脚。我见犹怜但又不能轻易接近。

芭蕾鞋，与奢华无关，与世俗无关，它如一朵静悄悄地开放在幽谷的百合，独自芬芳，不沾半点尘埃。

有跟无跟都妖娆

031

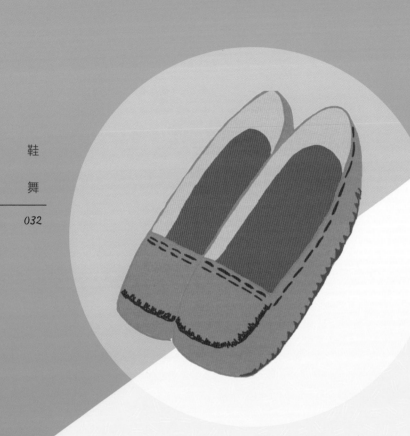

## ✦ 豆丁鞋

豆丁鞋包含了一种人生态度：让我们慵懒地好好宠爱自己。

这样的鞋子，代表了一种悠然的慢生活。柔软的鞋底，适当宽松的鞋型，半包的鞋面。安全又不输舒适感。

这样一款拉慢生活节奏的鞋子，当然不适合驰骋于职场，但穿着它却可以很放松地在乡间蜿蜒的小径上漫步，或流连于湖光山色之间。

有时，对某种类型鞋子偏好就是对某种生活的向往。

拥挤的人潮中，谁不希望拥有穿着豆丁鞋的人生？

# ⁺ 马丁靴

中性风是股什么风？这几年，刮呀刮，刮得很带劲，于是，英姿飒爽的马丁靴变成了姑娘们的新宠。

马丁靴不是新鲜玩意，它是时尚界一棵禁得起轮回的不老松。

有人把马丁靴尊为街头文化的鼻祖，这顶帽子，马丁靴确实担当得起！厚重的鞋型，耐穿的品质，越旧越沉淀出超有气场的风范。

马丁靴没有性别，女性如果想抛弃掉娇气柔弱的标签和符号，向男性宣示自己的气场，马丁靴就是推荐的标配。无需多言，马丁靴上脚，果敢和利落让女人充满挑战自我的勇气。

透过马丁靴，女人也许能发现另一个不熟悉的自己。

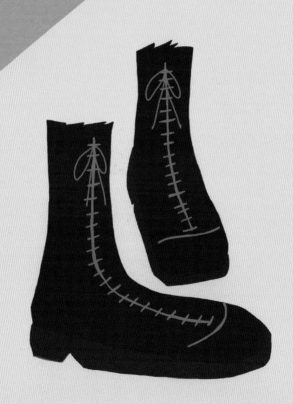

## ◆ 军靴

军人有一种力量，那是与生俱来的。军人有一种气质，那是修炼出来的。

如果要选择物化军人气质的服饰，军靴也许是最合适的。

作为行军伴侣，军靴舍弃了一切繁文缛节，提炼成适合生存的形态。这样的一双鞋，足够让人有安全感和自信心。

有这样的一双鞋子相伴，前行的路上也许会更有力量。披荆斩棘，遇山开山，遇河过河，无所畏惧。

于是，绕指柔情，在军靴的物化暗示下，逐渐也可百炼成钢，发出让人充满敬意的光芒。

也许，这就是军靴对于女人的特殊意义。

# 质地有关
# 生活方式

鞋子的样式是外在的炫耀，

质地关乎的就是个人感受。

穿 的 不 是 鞋 —— 是 品 质

　　真皮做成的鞋子，具有其他材质无可比拟

的亲肤性和透气性。天然的材质，那种内敛又

不可掩盖的品质让人无法忽视。


　　不张扬，不耀眼，但有力量。

鞋

舞

## ✦ 羊皮鞋

羊皮的鞋子，最重要的特质就是柔软，但成型度稍逊。穿着一段时间，也许会沟壑纵横，形态改变，但从舒适度来说，不会变差，只会更加合脚，让人不忍舍弃。

性格决定选择，或者也可以这么说，鞋如其人。喜欢羊皮鞋的女子，应如羊皮的鞋子一般，性情柔软，随遇而安。也许没有倾城的容貌，但却有一颗温柔细腻的心。

这样的女子，不爱做别人的主，希望有人可以依靠。她们的生活，随性自得。这样行，那样呢，也不错。和这样的女子相伴，岁月流逝，也许她身形已变，可性情依旧，不温不火，安安静静。

如果希望精致到底，羊皮鞋也许不能做到，但如果追求的是舒适到底，羊皮鞋绝对算是一个绝佳的"伴侣"。

爱上一个爱穿羊皮鞋的女子，就是爱上了一种波澜不惊的幸福。

## ✦ 牛皮鞋

　　不少人觉得，牛皮鞋比羊皮鞋档次高。仔
细想想，都是真皮，为何会有这样的区别？牛
皮鞋比羊皮鞋高在那里？

如果把羊皮鞋比作一位居家主妇，内质舒服，外质稍逊，牛皮鞋恰巧在外质上更具有优势。

　　若把牛皮鞋比作一位女子，这样的一位女子，年华必定正好，意气必定风发，朝气蓬勃，明丽可人，每次见人，一定不肯素颜或蓬头垢面。

　　爱穿牛皮鞋的女子，一般都有坚定的目标，作风硬朗甚至果敢。这样的女人，也许还会带着一点小小的傲气。

　　或许你会说牛皮鞋不够柔软，但对于它的精致和对外质的良好保留却无法抗拒。爱上一个爱穿牛皮鞋的女子，也许会有适度的紧张感，但谁能否定，这种紧张感不会化为一股追求美的动力呢？

## ✦ 磨砂皮鞋

磨砂皮鞋，磨掉的是皮质的锐气。

磨砂的过程，如同洗净铅华，回归平凡和自然的过程，所有的躁动，所有的不甘或不安，在细细的打磨中，平静下来，终于，恢复了生命本初的那种自然的粗糙状态。

所以，磨砂皮鞋只有内心平静的人才能驾驭。这种平静，无论在什么场合，不显山露水，但却自有一分坚持。可低调的奢华，可质朴地本真，正是因为没有了棱角和锐气，才不伤人，也不伤己。

　　不要嘲笑磨砂皮鞋丧失了进攻性，温吞地像一位迟暮的老人。有时，光华内敛的魅力，没有岁月的沉淀，是无法体会得到的。

　　但愿年华老去之时，我们都有一位如磨砂皮鞋般的爱人陪在身旁，一起看风云变幻，一起看岁月沧桑。

## ✦ 漆皮鞋

　　漆皮鞋是很擅长掩藏心事的。无论内心是软弱或坚强，无论是羊皮还是牛皮或是其他材质，在一层涂料之下，都亮闪闪，都华丽丽，都面光光。

　　有时，这种华丽会让你辨认不出真假，看不透华丽下，会不会是金玉其外败絮其中。

　　漆皮鞋似乎与素颜不合，搭配度更大的是应该是浓妆。浓妆艳抹下，真心被厚厚的外壳包裹，伪装坚强。

　　不要伤害爱穿漆皮鞋的女人，她们的一面是霸气，另一面也许软弱到你无法想象。正因为害怕被伤害，所以习惯了把真实的一面隐藏。

今日觥筹交错，灯红酒绿，你见她笑意盈盈，游刃有余地大放光芒。当绚丽的霓虹灯熄灭，在黑暗的角落，卸下华服的她也许才会露出真的性情，抱着双肩，落寞感伤。

漆皮鞋，低吟浅唱的总是昨日逝去的辉煌。

# 穿 的 不 是 鞋 —— 是 气 质

采菊东篱下，悠然见南山。如果真的能够
以鞋明志，表达自己闲散或者清高的气质，各
种布质的鞋子是最好的代言物。

在布质的鞋子中，可以坦荡荡，可以有气
节，也可以沉浸在古典里不愿醒来。

## ✦ 帆布鞋

帆布鞋总给人一种要去远方的感觉。有机会常穿这类鞋子的人，要么就是还没真正进入社会的学生，要么就是工作性质靠近艺术门类的各种有腔调的潮人，要么，就是已经功成名就，在正当年就可退休，享受生活的成功人士。

无论是哪一类人，穿上帆布鞋，就等于选择了一段隔离于快节奏之外的生活。脚上的帆布鞋，不用讨好职场，不用讨好别人，只需要让自己舒服，让自己开心。

帆布的粗拙，代表了一种不用算计的质朴，没有绚丽的外表，没有动人的甜言蜜语，但却拥有了"我的生活我做主"的气质。

## ✦ 麻布鞋

麻布有点孤傲。或者说，不够合群。

虽然属于布的质地，但麻布却自动从柔软中脱离出来，另外生出自己挺括的独有气质，提炼出刚性的特点。

　　既然挺括，那就可以尝试各种成型度要求很高的鞋型，并不需要局限于休闲的范畴，船鞋和靴子，几乎所有正装的鞋型，麻布鞋都可参与。相比皮鞋，麻布鞋更具有一种仙风道骨，更显气质。

麻布做的鞋子，寻常人不能驾驭，只有气场足够者才能相配。不合群，不谄媚，如果自身已经强大到成为奇迹，那有什么不可以。

## ✦ 棉布鞋

　　有些人，需要的是叙事般细碎
的幸福。他们不需要轰轰烈烈，不
需要绚丽辉煌，平凡的日子，牵着
自己的爱人，在自己平凡的家里，
感受最有质感的生活。

一双或素色棉布或细密雅致的小花布手工做成的棉布鞋，朴实又有质感，穿着它行走在充满市井意味的大街小巷，一切都回归本真和自然，没有名利的考虑，没有繁华的追逐，脚步轻盈又自得。

鞋

舞

064

　　棉布鞋，常常与温暖有关，与用心有关。密密匝匝的鞋底，投射进了做鞋者细密丰富的内心世界。穿着者，领受的不仅是鞋，还有浓浓的爱。

　　这是个讲究个性的年代。不要觉得手工制作的棉布鞋已经过时。工业化的产品，在手工作品面前，即使够华丽，也缺乏那手工赋予的灵性。

　　一双质朴的棉布鞋，摒弃雷同，要做自己独一无二的名牌。

## ✦ 缎面鞋

　　缎面鞋的流行，和富贵有
关。虽然是布的质地，但绚丽的
色彩和精致的纹理，完全超越了
平凡人的生活。走上了奢华的
道路。

这种奢华是高调的。所以，不用扭扭捏捏地做小家碧玉状地去低调，可以大大方方地渲染雍容与华贵。

缎面的光泽，可根据自己的爱好选择冷艳或浓烈的。不同的色系，赋予穿着者不同的气质。冷艳的，如湖边一株腊梅，借远处隐隐的山色，水色山色，美得如同一幅水墨画。

　　浓烈的，那就来一场视觉的
盛宴吧！如刚刚出匣的珍珠，艳
光四射，让人不忍直视。

　　缎面鞋是不能想穿就穿的，
穿着者需要准备好全套的心情，
让自己进入奢华的古典情境中，
去怀想当年秦淮河的胜景。

# 和故事有关
# 的那些鞋类

总有一些经典的鞋类，沉淀在我们的记忆里。

它们代表时光，它们代表岁月，它们有故事。

# 和 时 光 有 关

　　在时光里的它们，现在还好吗？想起它们，就想起曾经青涩青葱的那些岁月。如一张老照片，虽然褪色，但依旧温馨。

### ✦ 白球鞋

那个时代，就是那个时代，所有的孩子，都梦想有一双雪白雪白的白球鞋。

这双鞋，能搭配白衬衣、红领巾、蓝裤子和军挎书包。

这双鞋，能上体育课，也能在操场上疯跑。

球鞋是白的，当然容易被弄脏，别拍，一把给力的大刷子，加上去污粉，"刷！刷！刷"，白球顿时满血复活，恢复白净容貌。

后来我们长大了，曾经的那双白球鞋不再上脚。我们穿上了名牌的各种运动鞋，走在依然明媚的阳光下，读了其他更有趣的学校。可为何内心，还是有些事情没能忘掉。

或许，白球鞋代表了我们无法忘怀的那段时光才会让我们念念不忘，时光里，有我们的青春、友情、校园时光和情窦初开酸酸的初恋味道。

## ✦ 方口黑布鞋

　　黑鞋白袜，麻花辫，这美好清新的形象，曾出现在很多少男情窦初开的梦里。其中方口的黑布鞋，正是这一身装扮的灵魂所在。

　　这是一款配得上轻盈步伐的鞋子。素净的黑色布鞋面，没有多余的装饰，一条细鞋袢，装饰功能少，实用功能多。但这样的造型，还是给豆蔻年华的少女增添了娇憨和可爱。

　　方口黑布鞋，姐姐穿着，妹妹穿着，跳跃着，经过少男们的窗前。弄乱了少男们骚动的春心。

　　栀子花开的校园，有方口黑布鞋的足迹，有暗恋，有心动，有满满的回忆。

## ✦丁字皮鞋

这是一类女孩可以从6岁穿到26岁的皮鞋。

还是女童的时候，这款皮鞋和公主裙刚好能搭配，如莲藕般鲜嫩的小腿，和有点稚气的鞋型，相映成趣。

不愿意长大的女孩，公主裙一直不舍得脱下，哪怕到了青春年华。

丁字皮鞋，不离不弃，陪伴童心未泯的女孩儿一起长大。哪怕身形已经脱离稚气变得玲珑有致，只要穿上大大下摆的裙子，这样的一款皮鞋，依然能定格童年，定格那时的心境。

不要嘲笑女孩儿不愿长大，因为她们还没有充分的思想准备进入大人的心理世界，柔嫩的花瓣还没习惯风霜雪雨的打压。借着丁字皮鞋，好让她们在童年的梦里再待久一点吧！这般美好的感觉，印迹越深，以后回想起来，才会更满足，更感动，才有力量做个坚强的女孩，去迎接成人应该承受的责任和义务。

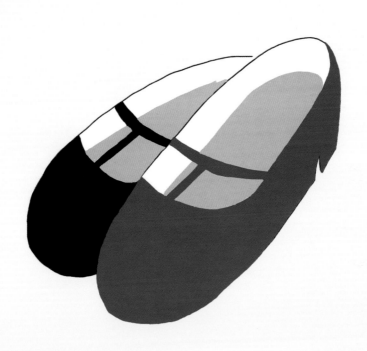

# 和 童 话 有 关

童话里，有好心的仙女，有英俊的王子，

有楚楚可怜的女孩，还有那些有故事的鞋……

鞋

舞

## ✦ 水晶鞋

　　这是一双改变命运的鞋子。水晶材质，苛刻到不差分毫的尺寸。其实就相当于今天风头正健的时尚界的"高定"。只不过，这高定的目的不是为了出风头，而是为了找到特定的那个人，那段爱情。

　　这双鞋，光芒四射，行使了世间人们渴望的公平法则：惩恶扬善、恶人必将受到报应，善良弱小的，必定会有一个强大的力量来解救。

　　这双鞋，还诠释了一个朴素的道理：不用争，不用抢，做好本分，是你的，就是你的。存心不良者，费劲心机，也还是竹篮打水一场空。

　　晶莹剔透的水晶鞋。成就了灰姑娘苦尽甘来的幸福生活。也点燃了平凡的姑娘们心头渴望出现奇迹的火苗。

　　我们不能用水晶球看到未来，我们却可以在水晶鞋中期待我们心头那份世间少有的爱情。

## ✦ 红舞鞋

红舞鞋是一双省力的鞋，也是一双费力的鞋。

穿上红舞鞋，不会跳舞的人也会舞神附身，但这一跳，就再也停不下来。神奇吧！

这样的一双鞋，代表了人们心头的无法克制的欲望。

欲望的外表是充满诱惑力的，它们闪闪发光，光鲜美丽。吸引着人们近前拾起。在拾起欲望的那一刻，世界变了颜色，所有人都成了背景，只剩下紧紧攫着欲望的那个人，和欲望一起狂欢。

这种狂欢开始带给人的感受是剧烈的惊喜。那种成功的实现感，那种获得的满足感让人眩晕。

质地有

可这眩晕并不能变成长久的幸福，没过多久，这人就会发现，很多事情已经失控，已经进入了另一个极端。甜美的琼浆已经变成了苦酒。

面对红舞鞋，女孩们，你们怎么选择呢？是拥有，还是看看就好？

## ✦ 木头鞋

穿着木头鞋的小木偶匹诺曹是个可爱的小家伙。当然，他身上有着所有小家伙都会有的小毛病——撒谎。但这小毛病最后改好了，匹诺曹还是可爱的匹诺曹。

正是因为匹诺曹，木头鞋才有了故事，才变得不太平凡了。

如今，木头鞋早已从童话故事中走出来，走到生活里。

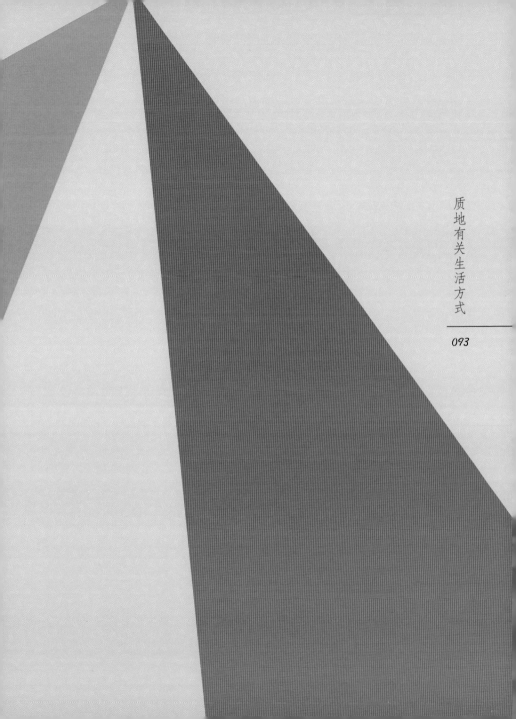

质地有关生活方式

最寻常的，当然是木屐。踢踢踏踏
的，提醒着行走者的足迹。

不要觉得木头太过笨重就不适合在
时尚界里露脸。风靡一时的木质跟鞋，
就曾经和多位时尚红人一起登上过大雅
之堂，成为潮人新宠。

无论是什么材质，只要特点鲜明，
就容易被人记住。

别出心裁，来一双木头鞋，如何？

鞋
　舞